D1876005

MYTHOS MÄRKLIN

MYTHOS MÄRKLIN

Arp Museum Bahnhof Rolandseck

Mit der Puppenküche der Schwestern konnte nur der Bahntunnel konkurrieren. Er war aus Blech, hatte hufeisenförmig gemauerte Öffnungen und war mit gemaltem Gras bewachsen. Seine Länge ließ sehr zu wünschen übrig. Der kurze Zug war zur Hälfte schon wieder im Freien, bevor die letzten Wagen darin verschwunden waren. Es hielt sich jedoch die Vorstellung ganz eisern, dass ein Berg durchquert wurde. Auf dessen anderer Seite öffnete sich eine andere Welt. Waren die wenigen Güterwagen schlecht geladen, blieben diese bei der Einfahrt an der Tunnelöffnung hängen und der Zug steckte fest. Die Räder der Lokomotive drehten geräuschvoll leer. Peinlich. Aber auch in den Töpfen der Puppenküche nebenan blieb ab und zu etwas hängen.

Seit einem Jahr haben wir einen neuen Tunnel. Er unterquert den alten Bahnhof Rolandseck und dessen doppelgleisiges Schienenbett der Strecke Koblenz – Köln im rechten Winkel. Im Abstand von wenigen Minuten rollen darauf die Züge in beiden Richtungen und unter wechselnder Geräuschentfaltung. Güterzüge übertreffen alle anderen an Schlagkraft. Jede Stunde macht mit leisem Singen die Regionalbahn auf der Station darüber Halt. Dieser erste Tunnel auf dem Weg in den Richard-Meier-Bau ist 40 m lang. Ein über die weiße Wand laufendes Zitat von Hans Arp begleitet den Passanten.

Jetzt haben wir unsern Tunnel für Märklin entdeckt und einen Zug aufs Gleis gesetzt. Er pendelt von einem Ende zum andern, hin und her, kommt und geht mit den Besuchern, ein Shuttle. Für den Bahnhofsvorsteher von Rolandseck geht damit ein Kindertraum in Erfüllung.

Eisenbahn überquert Eisenbahn, Züge fahren oben und unten, kollisionsfrei. Seit 150 Jahren gibt es den schönsten aller Bahnhöfe, und vor ebenfalls 150 Jahren wurde die berühmteste Fabrik für Spielwaren gegründet. Sie wussten nichts voneinander und kommen erst heute zusammen, die schwäbische Familienfirma und das bis heute einzige Museum mit Gleisanschluss.

Diese Begegnung gilt es zu feiern und unser Patron Hans Arp ist der erste, der diesem kreuzungsfreien Zusammentreffen der Jubilare applaudiert hätte. Mit einer Ausstellung „Wunderkammer Bahnhof Rolandseck“ haben wir vor zwei Jahren das Jubiläum seiner Fertigstellung begangen. Mit dem „Mythos Märklin“ läuten wir dessen Geburtstag ein. Theodor Friedrich Wilhelm Märklin begann 1859 mit der Herstellung von Puppenküchenzubehör. Drei Jahrzehnte fabrizierte Märklin in Göppingen nur Mädchenspielzeug. Ab 1891 kam technisches Spielzeug ins Programm, darunter auch die Eisenbahn. Bald wurden in verschiedenen Spurweiten Lokomotiven und Wagen angeboten, nebst Zubehör aller Art. Bahnhöfe waren zu erwerben, vom Dorfbahnhof bis hin zum prunkvollen Großstadtbahnhof. Zum Spielwert trat der ästhetische Anspruch.

Im Bahnhof Rolandseck haben wir deshalb erstmals den Schwerpunkt in die Bahnhöfe gesetzt, mit wertvollen Exponaten von 1900 an. Ein Zahnradbahnhof in Spur 0 ist das einzige bekannte Exemplar dieses Typs. Auch im Spielzeug spiegelt sich die wachsende Mobilität zu Anfang des 20. Jahrhunderts, in Dampfmaschinen, Schiffen, Flugzeugen, Autos und Kutschen, deren gemeinsames Kennzeichen die Fertigung von Hand blieb.

Sammler haben sich frühzeitig Märklins Modellen zugewendet. Und ihnen verdanken wir den zur Schau gestellten Mythos im Altenteil unseres Museums. Aus dem In- und Ausland kommen die privaten Leihgaben. Wir wissen dieses große Vertrauen zu schätzen. Meine Mitarbeiterin Margot von Gumppenberg hat sich für die Ausstellung mit unserem Team außerordentlich verdient gemacht. Ganz besonders sind wir Roland Gaugele, Gebr. Märklin & Cie. GmbH, zu Dank verpflichtet, der unsere Einladung nach Rolandseck nicht nur bereitwillig angenommen, sondern Ausstellung und Katalog mit größtem Sachverstand kuratiert hat.

Und nun: Freie Fahrt! Mit Mütze, Kelle und Trillerpfeife –

Klaus Gallwitz
Bahnhofsvorsteher

Bahnhof Rolandseck

Das 19. Jahrhundert – Eisenbahn – Bahnhof

Im 19. Jahrhundert vollzieht sich der Aufbruch zur Moderne in Deutschland, wie nie zuvor, mit atemberaubender Geschwindigkeit. Eisen und Stahl, Erfindergeist und Fortschrittsglaube sind die Kräfte, die in jede Richtung innovativ wirken. Sie katapultieren die über Jahrhunderte bäuerlich geprägte Gesellschaft in das Industriezeitalter. Städte werden zu den wichtigsten Lebensräumen, das Zentrum von Arbeit, Leistung und Erfolg. Die bürgerlich-kapitalistische Marktwirtschaft, mit dem freien Spiel zwischen Angebot und Nachfrage, verdrängt den Feudalismus. Gewinn wird zum wirtschaftlichen Grundprinzip und auch Raum und Zeit erhalten völlig neue Dimensionen. Die Faktoren Beschleunigung und Geschwindigkeit werden zu messbaren Größen.

Es beginnt das revolutionäre Zeitalter der wirtschaftlichen, gesellschaftlichen und kulturellen Veränderungen; die Menschen entdecken die Mobilität. Sie entwickeln sich zu Bürgern und fordern Grundrechte wie Freiheit des Individuums, Teilnahme an politischen Prozessen, Souveränität des Einzelnen und die Bindung der Regierung an die Verfassung. Im Vergleich zu England verzögert sich aber die Industrialisierung in Deutschland nicht zuletzt wegen der politischen und wirtschaftlichen Zerrissenheit des Landes um etwa zwanzig Jahre.

Den sich verändernden wirtschaftlichen Umständen und dem sich entwickelnden Lebensgefühl der Menschen entsprechen die politischen Verhältnisse nicht. Der 1815 gegründete Deutsche Bund besteht aus 35 autonomen Fürstenstaaten und vier freien Städten mit jeweils eigenen Steuer- und Rechtsordnungen sowie Münzen.[1] Das unübersehbare Streben der Fabrikanten und Kaufleute nach wirtschaftlicher und schließlich auch politischer Freiheit wird durch die überkommenen Verhältnisse eingeengt; das Land drängt nach Veränderung. Veränderung ist auch Vereinheitlichung. Der immer stärker werdende Einsatz der Eisenbahn innerhalb des Landes führt Deutschland aus der politischen und wirtschaftlichen Rückständigkeit und unterstützt eine kontinuierliche Entwicklung des Landes.

Zu den prominentesten unternehmerischen Herausforderungen des beginnenden Industriezeitalters zählt der Einsatz der Eisenbahn als zeitsparendes Transportmittel von Lasten, Gütern und Menschen. Die Erfindung der Eisenbahn mit Dampfkraft ist für den materiellen Verkehr und den Transport von Menschen ebenso bedeutsam und revolutionär wie einst die Erfindung des Buchdruckes für deren geistigen Austausch und dessen Beförderung. Entfernungen werden plötzlich überbrückbar, Staaten und Nationen kommen sich näher, Verbindungen werden zahlreicher und enger. Die Auswirkungen auf das Gefühl für Raum und Zeit sind immens.

Vorerst gelingt nur die regionale Vernetzung durch ein Schienensystem, das nach und nach erweitert wird. Private Aktiengesellschaften, deren Gesellschafter in der Regel Unternehmer oder Vertreter großbürgerlicher Familien sind, betreiben die Kurzstrecken. Noch ist der Staat nicht in den Betrieb der Eisenbahnen einbezogen, auch wenn die modernen Teilstaaten Deutschlands schnell die Bedeutung der Eisenbahn für Wirtschaft und Militär erkennen.

Längere Reisen sind in der Mitte des 19. Jahrhunderts auf Grund der bestehenden Uneinheitlichkeit immer noch schwierig. Heute unbekannte Hürden kommen hinzu: Ohne eine in Deutschland allgemein verwendete Normalzeit liegt zwischen Königsberg und Aachen etwa eine halbe Stunde Zeitdifferenz. Erst am 1. April 1893 wird eine auch in Deutschland allgemein gültige Uhrzeit, nämlich die „Mitteleuropäische Zeit", eingeführt.[2]

Ab 1873 erwerben die Landesregierungen nach und nach die privaten Eisenbahngesellschaften. Mit der Gründung der Deutschen Bahn im Jahre 1920 werden alle Rechte auf die staatliche Gesellschaft übertragen; die Bürger müssen sich aus dem Betrieb der Eisenbahn in Deutschland zurückziehen.[3]

Diese Entwicklung hat natürlich Folgen für die Gesellschaft. Prototyp und Schlüsselfigur des Fortschrittsmenschen der Industriegesellschaft wird der Ingenieur. Seine vielfältigen Aufgaben machen ihn zum ebenbürtigen Konkurrenten des Architekten. Neben der Konstruktion technischer Einrichtungen und dem Bau von Gebäuden ist er für die Instandhaltung der Infrastruktur und deren Betrieb verantwortlich.

Stahl, Eisen und Glas sind die entscheidenden Werkstoffe der Neuzeit. Die vielfache Verwendbarkeit dieser hochwertigen Materialien machen sie für die Technik unverzichtbar; sie kommen in Maschinen zum Einsatz und verleihen Gebäuden Solidität. Aber auch in Dekoration oder Alltagsgegenständen finden sich mehr und mehr diese modernen Materialien.

Nirgendwo wird diese Modernisierung so sichtbar wie in der Gestaltung der Infrastruktur der Eisenbahn, vor allem also den Brücken und den Gebäuden. Bahnhofsgebäude werden zu Repräsentationsbauten und machen dem Ankommenden die ersten Honneurs. Sie müssen als Zweckbauten auf optimale Weise die Bedürfnisse der Reisenden erfüllen, werden aber gleichzeitig auch zum integralen Bestandteil des täglichen Lebens einer Stadt. In einem Dualismus vereinen sie die Qualitäten eines Nutzbaus und eines Prestigeobjekts und lösen den Monumentalbau des Schloss- und Kathedralbaus ab.[4]

Ihre ästhetische Formsprache im historistischen Stil bedient sich bereits verwendeter Architekturelemente aus der Antike und Renaissance. Ein symmetrischer Grundriss und ein Gleichmaß der Anlage sind immer zu entdecken. Am klassizistischen Bau sind Portikalformen, offene Arkaden und reich ausgestattete Innenräume mit Stuck und Fresken wiederzufinden. Der Zugangsbereich befindet sich genau in der Mitte der Längsachse, zu dem Alleen führen.[5]

Das Ankommen, Verweilen und Abreisen steht im Mittelpunkt des Geschehens. Innerhalb des Gebäudes werden zeitgleich Dienst- und Verwaltungsaufgaben erfüllt. Aber auch für Repräsentationsereignisse eignet sich der Bahnhofsbau. Er wird zum Forum gesellschaftlichen und kulturellen Austausches, zum Restaurant und Palast. In ihm spielt sich städtisches Leben in einem einzigartigen Facettenreichtum ab, wie an kaum einem anderen Ort. Er ist Spiegel der Klassenstruktur der Gesellschaft der Vorweltkriegszeit. Das Innere des Gebäudes mit seinen differenzierten Wartesälen, der Einteilung der Reisenden in Klassen, beschreibt die gesellschaftlichen Ebenen.

Der Bahnhof Rolandseck belegt diesen Aufbruch in die Moderne wie kaum ein anderer Bahnhof in Deutschland. In der Zeit von 1854 - 1858 durch den Ingenieur Emil Hartwig erbaut, ist er heute das einzige Museum mit Gleisanschluss. Eingebettet in eine romantische, ja fast arkadische Landschaft des Rheintales südlich von Bad Godesberg, entspricht er genau dem beschriebenen Bautyp. Entstanden aus den Intentionen der Cöln-Bonner Eisenbahngesellschaft war er seit seiner Entstehung Treffpunkt vieler Persönlichkeiten, die an der beschriebenen Entwicklung Deutschlands mitgewirkt haben. Erwähnt seien nur Künstler wie Apollinaire, Gebrüder Grimm, Heinrich Heine, Clara Schumann oder Johannes Brahms; aber auch Repräsentanten der Obrigkeit wie Königin Victoria oder Reichskanzler Bismarck haben den Bahnhof besucht und damit zu einem Ort kulturellen Austausches im Sinne der Romantik in Musik, Literatur und bildender Kunst gemacht.

Dank einer Rettungsaktion in den 60er Jahren des 20. Jahrhunderts, als die Deutsche Bahn das klassizistische Gebäude abreißen wollte, konnte in der Folgezeit die Tradition des kulturellen Miteinanders fortgesetzt werden. Heute ist der Bahnhof Rolandseck nicht nur ein einzigartiges Kulturdenkmal des 19. Jahrhunderts. Er ist mit dem Neubau des amerikanischen Architekten Richard Meier zu einem modernen Museumskomplex verknüpft, dessen Eingangstor er bildet.

Margot von Gumppenberg

1 *Siemann, Wolfgang: Vom Staatenbund zum Nationalstaat. Deutschland 1807-1871. München, 1995, S.320ff*

2 *Duden – die deutsche Rechtschreibung. 24. Auflage, 2006*

3 *Reiners, Jan: So funktioniert das Bw, Transpress Verlag*

4 *Krings, Ulrich: Bahnhofsarchitektur. Deutsche Großstadtbahnhöfe des Historismus. Prestel Verlag, München, 1985, S.78ff*

5 *Renaissance der Bahnhöfe. Die Stadt im 21. Jahrhundert. Hrsg.: Bund Deutscher Architekten BDA, Deutsche Bahn AG, Förderverein Deutsches Architekturzentrum DAZ, S.16ff*

Die Welt im Kleinen

Märklin, die „Fabrik feiner Blechspielwaren"

Die Märklin-Modellbahn gibt es bereits seit 1891. Damals zeigten die Gebrüder Märklin auf der Leipziger Ostermesse erstmals eine genormte Eisenbahn-Anlage in Form einer Acht. Die einzelnen Gleisstücke konnten zu unterschiedlichen Gleisfiguren zusammengesteckt werden und die Zusammenstellung der Züge, also die Reihenfolge der Wagen, war nach Belieben möglich. Die erste Lokomotive, sie steht in Göppingen im Märklin-Museum, war eine Uhrwerk-Lok in Crampton-Bauart und wird allgemein als „Storchenbein" bezeichnet, in Anspielung auf das „hochbeinige" Aussehen, das von den großen, rot ausgelegten Treibrädern geprägt ist. Dieser ersten Lokomotive folgten in kurzen Abständen nach und nach weitere Fahrzeuge, denen man den Fortschritt und die Bemühung um größtmögliche Vorbildnähe deutlich ansah. Allerdings waren der Detaillierung enge Grenzen gesetzt: durch die damaligen technischen Möglichkeiten und das Material, aus dem Spielzeug, also auch die „Modellbahn" jener Zeit, üblicherweise hergestellt wurde.

Ein gängiger Werkstoff war geformtes Blech. Mit diesem Material begann 1859 auch die Geschichte der „Fabrik feiner Blechspielwaren". Der Flaschnermeister Theodor Friedrich Wilhelm Märklin stellte zuerst Zubehör für Puppenküchen her. Das waren Miniaturtöpfe und -pfannen, denen wegen des guten Erfolges bald ganze Puppenküchen folgten. Die einzelnen Teile der Einrichtung mussten schon damals funktionstüchtig sein, denn nach damaliger Auffassung diente gutes Spielzeug nicht nur dem Zeitvertreib, sondern auch der Vorbereitung auf das spätere Leben. Und so gab es sogar Kochbücher, mit deren Hilfe „in Miniatur" gebacken und gekocht werden konnte.

Schon 1895 gesellte sich zur Spur I von 1891 die kleinere Spur 0. Mit einer spiritusbeheizten Echtdampflok und der ersten elektrischen Straßenbahn kamen auch andere, „ausdauerndere" Antriebsarten hinzu. Aber diese Antriebe hatten ihre Nachteile. Eine Spiritus-Lok, war sie einmal in Fahrt, blieb in Fahrt, bis Wasser oder Spiritus aufgebraucht waren. Oder sie verließ

mitunter wegen der nicht regelbaren Geschwindigkeit die Schienenanlage und war mit der Hitze und dem Spiritus durchaus in der Lage, materielle Schäden anzurichten.

Die elektrischen Antriebe waren im Übergang vom 19. ins 20. Jahrhundert sehr modern, ihr Nachteil war allerdings die hohe Spannung. Je nach Region wurde mit 110 oder 220 Volt, also der Netzspannung gefahren. Als einzige Sicherheitseinrichtung dienten Vorlampenwiderstände. Hier gelang ein bedeutender Fortschritt erst mit der Einführung des 20-Volt-Systems im Jahr 1926. Die Transformatoren waren nun endlich auf einem Entwicklungsstand, der es in Preis und Volumen ermöglichte, bei der elektrischen Eisenbahn verwendet werden zu können. In Sachen Sicherheit und Spielvergnügen war dies ein großer Schritt nach vorne.

1935 wurde die Tischeisenbahn auf den Markt gebracht, die heutige H0. Damals „00" genannt. Etwa zu gleicher Zeit kam es auch zur ersten „markanten" Begegnung der Firmen Märklin und Trix. Die Marke Trix gehört seit 1997 zur Märklin Holding. Beide stellten unabhängig voneinander im gleichen Jahr dieselbe Baugröße vor. Und diese Baugröße, sie wurde 1950 in „Halb-Null" umbenannt, eroberte in den Folgejahren die Spielzimmer und Hobbykeller. Die H0-Bahn erlebte in den 1950er und 1960er Jahren einen in diesem Bereich bisher nicht gekannten Boom und verdrängte nicht nur die Spur I und die größeren Spurweiten, sondern auch die Baugröße 0, die 1954 von Märklin eingestellt wurde.

Die „Spur-Vielfalt" nahm erst wieder mit den antriebslosen Fahrzeugen von Trix im Maßstab 1 : 180 zu, die 1964 motorisiert wurden und im Maßstab 1 : 160 unter der Bezeichnung „Minitrix" in das Sortiment kamen. 1969 bot Märklin eine große Spurweite an, die neue Spur I, die mittlerweile wieder einen stabilen, festen Abnehmerkreis gefunden hat.

Eine Sensation war schließlich die bis heute nicht übertroffene Superlative der Miniaturisierung, die „kleinste elektrische Serieneisenbahn der Welt". Die „mini-club", auch „Spur Z" genannt, erschien 1972 im damals fast unglaublichen Maßstab 1 : 220.

Eine neue „Ära", was die Spielfreude und Abwechslung auf der Modelleisenbahn anbelangt, begann 1984 mit der Vorstellung von Märklin Digital. Nun ließen sich mit einem digitalen Steuergerät vielfältige

Aktionen überall auf der Anlage abrufen: der gleichzeitige Zugriff auf viele Lokomotiven, das einfache Schalten von Weichen und Signalen, automatisierte Abläufe und die neue Dimension der Modellbahn: lebensechte Geräusche, eine vorbildgetreue Beleuchtung mit Fernlicht und erhelltem Führerstand, der Dampfgenerator oder die Funktion Entkuppeln.

Die „Fabrik feiner Blechspielwaren" hat sich in den 150 Jahren ihrer Geschichte vom Anbieter von Mädchenspielzeug über Spielwaren aller Art bis hin zum Spezialisten und Komplettanbieter von Modelleisenbahnen aller wichtigen Baugrößen entwickelt. Die 1891 eingeführte Modelleisenbahn zieht sich mit wachsender Bedeutung durch die Geschichte der Firma und war über 120 Jahre lang, trotz vieler spektakulärer neuer Produkte, ein Erfolgsbringer. Weder Schiff noch Flugzeug und Auto konnten die überragende Bedeutung der Modelleisenbahn für das Haus Märklin übertreffen.

Die Bahnhöfe, Ausgangs- und Zielpunkte der neuen Mobilität, waren über Generationen hinweg zusammen mit den Dampflokomotiven Symbole des Fortschritts. Der Baustil, in dem sie errichtet wurden, war beispielgebend für andere Objekte. So sind Märklin-Bahnhöfe auch Belege für den sich wandelnden Geschmack im Verlauf eines Jahrhunderts. Die Erfindung der Dampfmaschine, die Wärme in Bewegungsenergie umsetzt, ermöglichte die Industrialisierung und diente letztlich auch als Basis für die sich entwickelnde neue Mobilität.

Von der aus eigener Kraft fahrenden Dampfmaschine, der Lokomotive, ging die Entwicklung rasch weiter, hin zu weiteren Fahrzeugen mit eigenem Antrieb, die sich zu Wasser, zu Land und in der Luft bewegten. Im Märklin-Angebot spiegelte sich diese Entwicklung wieder.

Die Spielzimmer waren zu allen Zeiten Abbilder der Realität und damit einem beständigen Wandel unterworfen. Daher besitzen die sorgfältig verwahrten „Blechspielwaren" von einst eine große kulturgeschichtliche Bedeutung. Sie haben auch ihren ästhetischen Reiz und sind nicht zuletzt hoch bewertete Sammlerstücke.

Roland Gaugele

Rückblick

Aus der Märklin-Geschichte

Märklin – ein Name, ein Mythos, der nicht von selbst entstand, sondern in fast 150 Jahren immer wieder neu erarbeitet werden musste von Menschen, die ihre Schaffenskraft, nicht selten ein ganzes Berufsleben lang, in das Unternehmen eingebracht haben. Jenen tatkräftigen Menschen und den zahlreichen Märklin-Freunden in aller Welt ist dieses Buch gewidmet.

Flaschner ist eine typisch schwäbische Berufsbezeichnung und gleichbedeutend mit Klempner. Der Flaschner bringt nicht nur Regenrinnen an und verkleidet Dächer. Zum Berufsbild gehörte schon immer auch die handwerkliche Fertigung von Metallspielwaren. Eben mit einem solchen Flaschnermeister, mit Theodor Friedrich Wilhelm Märklin, beginnt die Geschichte der Firma Märklin. Er hatte sich 1840 in der Königlich Württembergischen Oberamtsstadt Göppingen angesiedelt, um bei einem ortsansässigen Unternehmen seinen Beruf auszuüben. Das Jahr 1859 bringt für ihn eine entscheidende Wende. Er erhält die Bürgerrechte der Stadt und heiratet in zweiter Ehe, seine erste Frau war verstorben, Caroline Hettich, eine Verwandte des Nationalökonomen Friedrich List (1789 - 1846). Dieser hatte nach seiner Rückkehr aus den USA im Jahr 1832 für sein Konzept eines zusammenhängenden deutschen Eisenbahnnetzes geworben, leider vergeblich. Er war seiner Zeit weit voraus gewesen. Ebenfalls im Jahr 1859 gründet Theodor Friedrich Wilhelm Märklin einen Betrieb zur Herstellung von Gütern des täglichen Bedarfs und Puppenküchenzubehör. Seine Ehefrau schenkt vier Kindern das Leben. Sie ist die eigentliche treibende Kraft in der Firma, besitzt Ausdauer und Organisationstalent und ist – so würde man es heute nennen – eine gute Verkaufsstrategin.

Diese Talente kommen Caroline Märklin zugute, als ihr Ehemann nach nur sieben Jahren Gemeinsamkeit an den Folgen eines Unfalls verstirbt. Sie ist nun auf sich allein gestellt, was den Betrieb und die Erziehung der Kinder anbelangt. Sie heiratet nochmals, bekommt aber von ihrem zweiten Mann keine große

Eugen Märklin

Hilfe bei der Führung und Weiterentwicklung des Betriebes. Als auch ihr zweiter Mann stirbt, nimmt sie weitere Belastungen auf sich, um den Betrieb für ihre Söhne zu erhalten. Als verkaufsgewandte Frau, sie ist wohl der erste weibliche Vertreter überhaupt gewesen, bereist sie mit zwei Koffern bepackt die südlichen Teile Deutschlands, zu einer Zeit, als die ersten Eisenbahnen gerade das Fahren gelernt hatten.

Leider zeigten ihre Söhne anfangs kein Interesse an dem mütterlichen Betrieb. Sie hatten anderweitig ihr gutes berufliches Auskommen. Erst als die Firma am Ende zu sein schien, entschlossen sich die Söhne, Eugen und Carl Märklin, zum Handeln. Sie gründeten am 1. März 1888 unter der Firmierung Gebrüder Märklin eine offene Handelsgesellschaft.

Besonders Eugen Märklin ist es zu verdanken, dass die Firma allmählich wieder eine Überlebenschance hatte. Spielwaren verkauften sich hauptsächlich in den beiden letzten Monaten eines Jahres und so musste Eugen Märklin vermehrt Haushaltsartikel ins Programm nehmen. Eine große Stütze war ihm bei der Führung des Unternehmens seine Frau Berta, die er 1889 geheiratet hatte und die ihn, wo es möglich war, entlastete, damit er seine Reisetätigkeiten weiter ausdehnen und die Märklin-Produkte einem größeren Händlerkreis bekannt machen konnte.

Entscheidend für die noch junge Firma war das Jahr 1891. Eugen Märklin hatte den Vertrieb für den Ellwanger Spielzeughersteller Ludwig Lutz übernommen und konnte aus dessen Sortiment auf der Leipziger Ostermesse eine Eisenbahn vorstellen, die außer Loks und Wagen auch Gleise in Form eines Ovals oder einer Acht beinhaltete. Es war die erste, in sich geschlossene Systembahn. Wenig später verkaufte Ludwig Lutz aus Altersgründen seinen Betrieb an Eugen Märklin und so konnte die Geschichte der Modelleisenbahn ihren Lauf nehmen.

Mit der Spur I begann es

Modelleisenbahnen der ersten Jahre

Die Brüder Eugen und Karl Märklin stellten 1891 auf der Leipziger Ostermesse eine genormte Spielzeugeisenbahn vor. Sie nannten sie Spur I. Mit ihr konnten erstmals nicht nur Wagen und Lokomotiven, sondern auch Gleisstücke variabel kombiniert werden. Dadurch ließen sich unterschiedlichste Gleisfiguren realisieren. Die Möglichkeit, individuelle Gleisanlagen aufzubauen, wird als der Beginn der Modelleisenbahn betrachtet.

Von der damals genormten Spur I, die heute im Maßstab 1 : 32 und mit einer Spurweite (Schienenabstand) von 45 mm angeboten wird, leiten sich alle nachfolgenden Modelleisenbahn-Baugrößen ab.

Das erste Modell-Fahrzeug war eine Uhrwerk-Lokomotive (mit Federaufzug), die wegen ihres „hochbeinigen" Aussehens „Storchenbein" genannt wurde. Das Uhrwerk, eine völlig „ungefährliche" Antriebsart, besaß leider nur einen begrenzten Spielwert und wurde daher schon bald von spiritusbeheizten Maschinen in den Hintergrund gedrängt. Im Jahr 1895 kamen also Lokomotiven hinzu, die spiritusbeheizt, also „echt-

dampfbetrieben" waren. Diese wiederum verloren schließlich zugunsten des elektrischen Antriebs an Bedeutung. Denn im gleichen Jahr begann auch die „Elektrifizierung" der Blecheisenbahn. Obwohl es in Göppingen erst ab 1900 ein Elektrizitätswerk gab, wurde bereits 1895 die erste elektrische Märklin-Straßenbahn vorgestellt.

Die ersten elektrischen Modelle waren so genannte Starkstrom-Lokomotiven, das heißt, der Betrieb erfolgte mit der vollen Netzspannung, nur abgesichert durch zwei Vorlampenwiderstände. Doch schon 1926 war die Technik so weit entwickelt, dass in puncto Größe und finanziellem Einsatz das 20-Volt-System Einzug halten konnte. Die Modelleisenbahn war nun dem Ziel, ein populäres Hobby zu werden, einen großen Schritt näher gekommen.

Wegen ihrer Größe konnten die ersten Eisenbahn-Anlagen nicht ganzjährig aufgestellt und schon gar nicht fest montiert sein. Eine Anlage mit Spielwert füllte selbst in der Spur 0 fast ein ganzes Zimmer. Die Einsatzdauer blieb daher naturgemäß auf wenige Wochen im Jahr, auf die Zeit vor und nach Weihnachten, begrenzt. Dieser Umstand schloss den Aufbau modellierter Landschaften nahezu aus. Der Anspruch, möglichst viel Vorbild-Illusion zu liefern, bestand aber trotzdem und so entstanden immer aufwändigere Zubehörteile und Gebäude, welche die Gleisanlagen auf den Fußböden nicht nur optisch, sondern auch im Spielwert stark verbesserten.

Das zentrale Bauwerk jeder Anlage war der Bahnhof. Auf ihn wurde in der Auswahl und Ausführung sehr viel Sorgfalt verwendet. Schon recht früh wurden berühmte Bahnhöfe zum Vorbild genommen und es entstanden „Kunstwerke", die trotz ihrer geringen Auflage die Zeit bis heute überdauert und den Eingang in wertvolle Sammlungen gefunden haben.

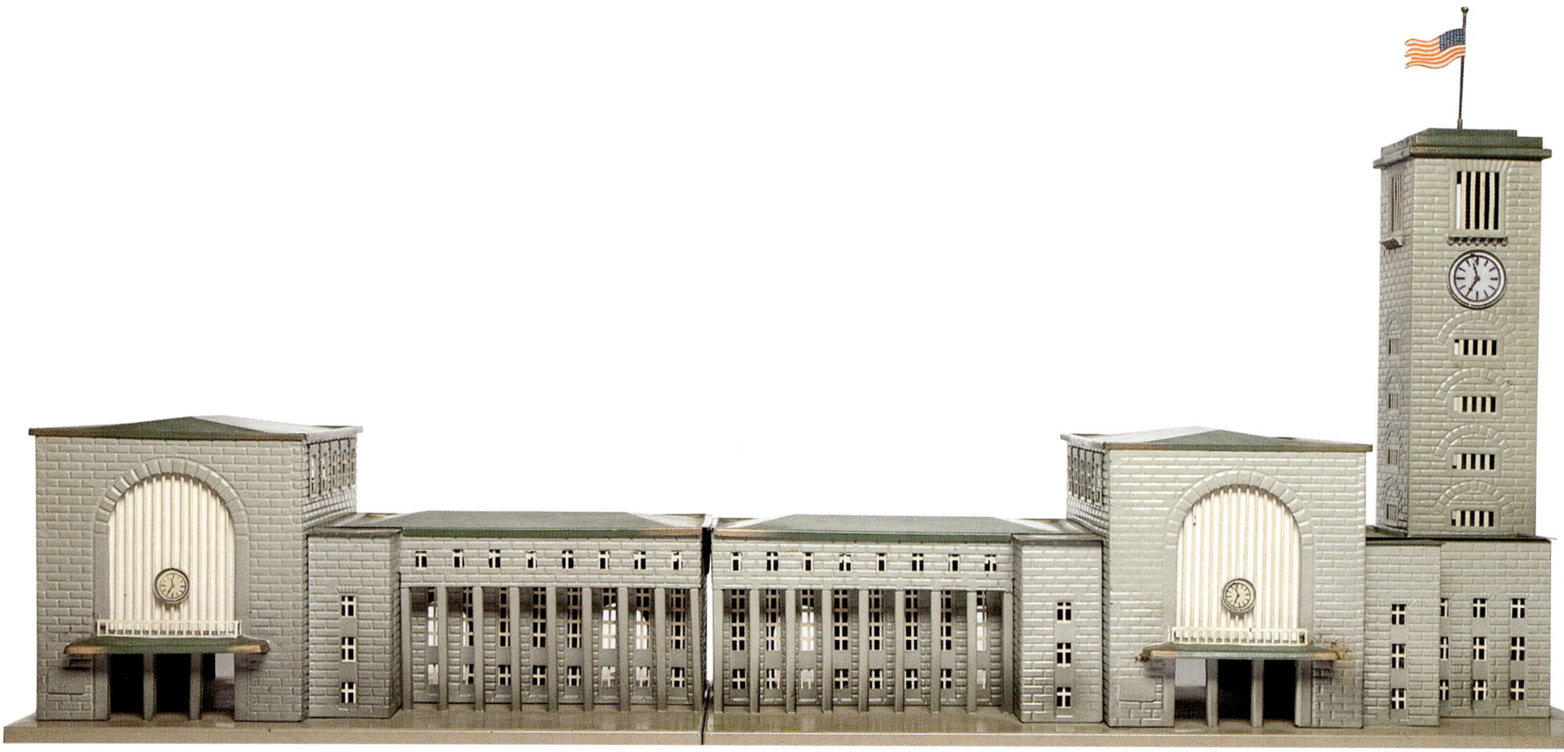

Stuttgarter Bahnhof Spur 0

Für das Jahr 1930 hatte Märklin für seine Bahnen der Spur 0 und I das neue, moderne Gebäude eines Großstadtbahnhofs in das Sortiment aufgenommen. Jeder, dem das Vorbild vertraut war, erkannte im Modell das Empfangsgebäude des Stuttgarter Bahnhofs wieder. In den Katalogen von 1930 bis 1937 wurde es immer nur als „Großstadtbahnhof", jedoch mit dem Zusatz „äußerst wirkungsvolle Nachbildung eines modernen Bahnhofsgebäudes", beschrieben. 1938 erschien im Katalog die Bemerkung „nach dem Vorbild des Hauptbahnhofs in Stuttgart".

Das Modell bestand wegen seiner Abmessungen und wahrscheinlich auch aus fertigungstechnischen Gründen aus zwei Teilen. Turm und Dächer waren abnehmbar. Mit Rücksicht auf den Verkaufspreis konnten beide Teile einzeln erworben werden. Zum Spielen reichte, schon aus Platzgründen, in der Regel ein Teil aus und so wurde vom so genannten Turmteil letztlich auch eine größere Stückzahl produziert. Neben dem Bahnhof, der größenmäßig der 0-Bahn zugeordnet war, produzierte man bis zum Auslauf der I-Produktion im Jahr 1938 noch eine zweite Version mit größeren Abmessungen für diese voluminöse Baugröße. Die Stückzahlen fielen allerdings bescheidener aus. Beide Bahnhöfe waren in der Längenausdehnung verkürzt, da eine maßstäbliche Länge zu viel Raum beansprucht hätte und vom Kunden sicher auch nicht gewünscht war. Die Proportionen der beiden Bahnhöfe waren jedoch sehr ausgewogen, was wiederum für das richtige Gespür von Mustermacher und Konstrukteur sprach. Auf Ausstattungs-Anlagen standen die Bahnhofsgebäude stets im Mittelpunkt. Ab 1938 wurde die 0-Version auch offiziell für die 00(H0)-Bahn angeboten. Entgegen den örtlichen Gegebenheiten in Stuttgart waren die Empfangs- und Wandelhalle beider Modelle sowie deren Teilstücke identisch, d. h. symmetrisch und spiegelbildlich ausgeführt. In Wirklichkeit ist jedoch der linke, so genannte Nahverkehrsteil gegenüber dem rechten Fernverkehrsteil etwas kleiner ausgeführt. Im ersten Nachkriegskatalog von Märklin aus dem Jahr 1947 war das Bahnhofsmodell entsprechend geändert. Allerdings blieb es nur bei der Ankündigung, der „Stuttgarter" wurde nicht mehr produziert. Die Vermutung liegt nahe, dass es nur ein eigens angefertigtes Handmuster war. Werkseitig hatte man zwischenzeitlich einem neu konstruierten, ebenfalls zweiteiligen Empfangsgebäude (415/419) den Vorzug gegeben. Im Jahr 2002 tauchte eine Händler-Einladungskarte vom Februar 1930 auf, mit der für den Besuch der Leipziger Frühjahrsmesse geworben wurde. Im Inneren des Faltblattes befindet sich ein Bild des Bahnhofs, wie ihn Märklin später auch im 1947er Katalog abgebildet hat. Der Text weist dabei auch auf das Vorbild (Modell Stuttgart) hin. Es handelt sich also bei der 1947 veröffentlichten Abbildung um eine Aufnahme des Urmodells von 1929/30. Wo das Unikat mit dem vorbildgerechten, anders gestalteten linken Ergänzungsteil verblieben ist, konnte bis heute nicht geklärt werden.
Der Spur-0-Bahnhof zeigt auf seinem Turm kurioserweise die amerikanische Flagge. Das verwundert auf den ersten Blick, ist aber aus der Tatsache erklärbar, dass der Märklin-Standort Göppingen nach 1945 in der amerikanischen Zone lag und die gesamte Märklin-Produktion an die amerikanischen Streitkräfte geliefert werden musste. Auch der Vater unseres Leihgebers, welcher uns den Stuttgarter Bahnhof in Spur 0 zur Verfügung gestellt hat, war 1946, beim Versuch, das Modell zu erhalten, zunächst gescheitert. Es gelang ihm erst 1947, im Tausch mit Textilien, ein Exemplar des Bahnhofs zu bekommen.

2036 G

— Als Durchgangsbahnhof. —

2037 G

Bahnhof-Anlage.

Gebäude wie 2037 auf nebenstehender Seite.

tadt-Bahnhof mit 2 Hallen für 3 Gleise, als Durchgangsbahnhof oder als Sackbahnhof zu
sind mit durchsichtigem Zelluloiddach ausgestattet. Die Bahnsteige mit Unterführungs
bschluss der Anlage bildet ein stilvoll angepasstes Mauerwerk. Die ganze Anlage wir
le durch Verbindungsbügel fest verbunden, welche gleichzeitig zur Festlegung der Dur

hnhofsanlage zählt zu den vornehmsten und wirkungsvollsten Ergänzungen für Mode
elheiten sind naturgetreu wiedergegeben und die Grössenverhältnisse genau den Spu

Besonders wirkungsvoll für Ausstellungszwecke bei elektrischer Beleucht

Leipziger Bahnhof Spur I

Von 1919 bis 1931 war der Leipziger Bahnhof mit der Artikelnummer 2037 das Spitzenangebot im Märklin-Bahnhofs-Sortiment. Die Maße von 94 cm in der Länge, 46 cm in der Breite und 46 cm in der Höhe begrenzten allein schon platzmäßig den potenziellen Abnehmerkreis. Zusammen mit den beiden Einsteigehallen, die hier nicht gezeigt werden, benötigte das fein detaillierte Modell 94 cm in der Länge, 118 cm in der Breite und 53 cm in der Höhe. Somit dominierte dieser Bahnhof das Erscheinungsbild jeder Anlage. Im Katalog von 1919 heißt es: „Monumentalbau in moderner stilvoller Ausführung, plastische Steinprägung, hohe Fenster mit Zelluloidscheiben. Vorplatz mit Zufahrt und Treppenaufgang. Eingangsportal mit Schutzdach, imitierte Uhr mit verstellbaren Zeigern ...“. Der Sammlerwert liegt im höheren fünfstelligen Eurobereich.

Restauration
Wartesaal

Großer Bahnhof Spur III

Der sehr seltene Spur-III-Bahnhof wurde unter der Artikelnummer 1043 nur im Katalog von 1895 angeboten. Er war „extra" groß und hatte die beeindruckenden Maße von 87 cm in der Länge, 71 cm in der Breite und ganze 70 cm in der Höhe. Neben der Höhenangabe stand im Katalog der spezielle Hinweis „ohne Fahne". Das sehr reichhaltig ausgestattete Gebäudemodell war in drei Teile zerlegbar und besaß einen Bufettschrank, Lüster, zwei Glocken und farbige, geätzte Glasscheiben. Mit Kerzen ließ sich der Bahnhof stimmungsvoll illuminieren.

ZAHNRAD - BAHNHOF
106

Zahnrad-Bahnhof Spur 0

Der Zahnrad- oder Hoch- und Untergrundbahnhof, wie er im Katalog von 1909 angeboten wurde, ist eines der seltensten Märklin-Erzeugnisse überhaupt. Nur das gezeigte Modell existiert. Sein Wert ist nicht festzumachen. Das hochfeine, dekorative kleine Bauwerk mit seinen zwei Stockwerken, den Treppentürmen, Schalter- und Klosetträumen war nur ganz kurz im Märklin-Programm. Sein Spielwert auf kompaktem Raum ist enorm.

DURCHGANG
Wartesaal
Telegra

Bahnhof 2001 EF Spur 0

In Beige/Emaille lackiert oder in Raulackierung (Sonderverputz) war dieses Modell von 1905 bis 1909 im Angebot. Alternativ mit einem oder mit zwei Kaminen. Der kompakte Bahnhof passte auf mittlere bis kleinere Spur-0-Anlagen. Imposant und beeindruckend wurde sein Erscheinungsbild durch das Anfügen der Einsteigehalle 2070/0.

Buffet.

Bahnsteig mit Wartehalle Spur I

Die Doppelvorhalle mit dem reich verzierten Well-Knickdach auf sechs Profilsäulen ist mit einem Fahrkartenschalter und Kiosk ausgestattet. Der Sammlerwert der hochfeinen Doppelvorhalle von 1899 liegt im fünfstelligen Eurobereich.

PATERSON
BAGGAGE ROOM
WAITING · ROOM
TICKET OFFICE
TELEGRAPH OFFICE
LADIES
GENTLEMAN

Amerikanischer Bahnhof Spur I

Das zweistöckige Gebäude mit Steinbemalung wurde von Märklin unter der Artikelnummer 2913 in den Jahren 1912 bis 1914 angeboten. Es war für den amerikanischen Markt bestimmt. Die USA stellten in der Zeit vor dem Ersten Weltkrieg ein äußerst wichtiges Absatzgebiet dar. Allein in New York gab es laut Märklin-Kundenbuch 17 Händler. Deren Umsatz betrug im Jahr 1909 rund 60.000 Goldmark, im Jahr darauf waren es schon 90.000 Goldmark.

PASSAGE
SALLE D'ATTENTE
CHEF DE GARE
BAGAGE
TELEGRAPH

Französischer Bahnhof Spur 0

Der Bahnhof mit der Artikelnummer 2008 wurde von 1905 bis 1908 und von 1919 bis 1920 angeboten. Die Sprache der Aufschriften orientierte sich am Markt, für den das Gebäude hergestellt wurde. Das war möglich, weil alle Schriften von Hand aufgebracht wurden. Märklin trat in jedem Markt mit länderspezifischen Sortimenten auf und wurde deshalb von vielen Kunden im Ausland sogar für eine einheimische Firma gehalten.
Hervorzuheben sind die links und rechts am dreiteiligen Gebäude angebrachten Wellblechüberdachungen, der Wartesaal, das Telegrafenbüro mit Inneneinrichtung und die Möglichkeit, das Gebäude mit Kerzen zu beleuchten.

Central-Bahnhof
DURCHGANG
Vorstand
Wartesaal

Central-Bahnhof Spur I

Dieser Bahnhof war nicht der einzige im Märklin-Angebot, der „Central-Bahnhof" genannt wurde. Eine Besonderheit hob ihn aber unter den anderen hervor: die Form seines Turmdaches. Unter Sammlern wird er deshalb „Zwiebelturm-Bahnhof" genannt. Unter der Artikelnummer 2004/1 war er von 1896 bis 1914 im Katalog verzeichnet. Die hochfeine Bemalung, das geprägte Dach, die Glasfenster und die Glocke unterstreichen die besonders hochwertige Ausführung des Bahnhofs. Zudem lässt er sich mit Kerzen beleuchten.

Märklin

Kutsche, Auto und Flugzeug

Technisches Spielzeug

Im Spielzeug für Kinder spiegelte sich die Wirklichkeit. Alles, was zum täglichen Leben und zur Arbeit gehörte oder einfach nur verblüffend und faszinierend war, kam für die verkleinerte Nachbildung als Spielzeug in Frage. Besonders die moderne Technik hatte es den Kindern und natürlich auch den Spielwarenproduzenten angetan. Schiffe, die den Aufbruch in die neue Welt symbolisierten, Kutschen in allerlei Ausführungen, Feuerspritzen mit von Hand zu bedienendem Saug- und Druckwerk, Karussells, aber auch Automobile, Zeppeline und Flugzeuge waren begehrte Spielsachen.

Weniger bekannt sind die Utensilien für Kinder, die außerhalb der Weihnachtszeit Saison hatten. Das waren Spielsachen, die sich im Freien verwenden ließen, wie zum Beispiel Sandspiele, Laufreifen, Drachen- und Windspiele oder Botanisierbüchsen.

Selbst Kennern weitgehend unbekannt ist die von Märklin in den 1930er Jahren des vorigen Jahrhunderts angebotene elektrische Autobahn. Die Märklin-Autobahn von 1934, heute würde sie wohl „Slotracer" heißen, war ihren boomenden Nachfolgern um drei Jahrzehnte voraus und diente diesen in ihrer Aufbausystematik sogar als Vorbild.

Die „Fabrik feiner Blechspielwaren", wie Märklin sich zu Anfang nannte, bot weitgehend alles an, was aus dem Werkstoff Blech hergestellt werden konnte. Feines Blech ließ sich biegen, stanzen, prägen und löten. Es war relativ leicht, selbst bei großvolumiger Gestaltung, und es war vor allem bezahlbar.

Pferdekutschen

Die Mobilität im 19. Jahrhundert fußte auf zwei Säulen: auf der Eisenbahn und den Kutschen. In der Frühzeit der Eisenbahn dienten die Pferdekutschen als Vorbild für die ersten Personenwagen. Unter den vielen verschiedenen Kutschen-Typen war das Coupé die bevorzugte Bauform, die eine Umsetzung als Schienenfahrzeug erfahren hat. Um 1900 bot Märklin unter der Artikelnummer 145 1/4 dieses 38 cm lange Coupé an. Das Pferd war im Lieferumfang nicht enthalten. Die kleinere Version maß 18 cm und war ebenfalls ohne Pferd im Angebot.

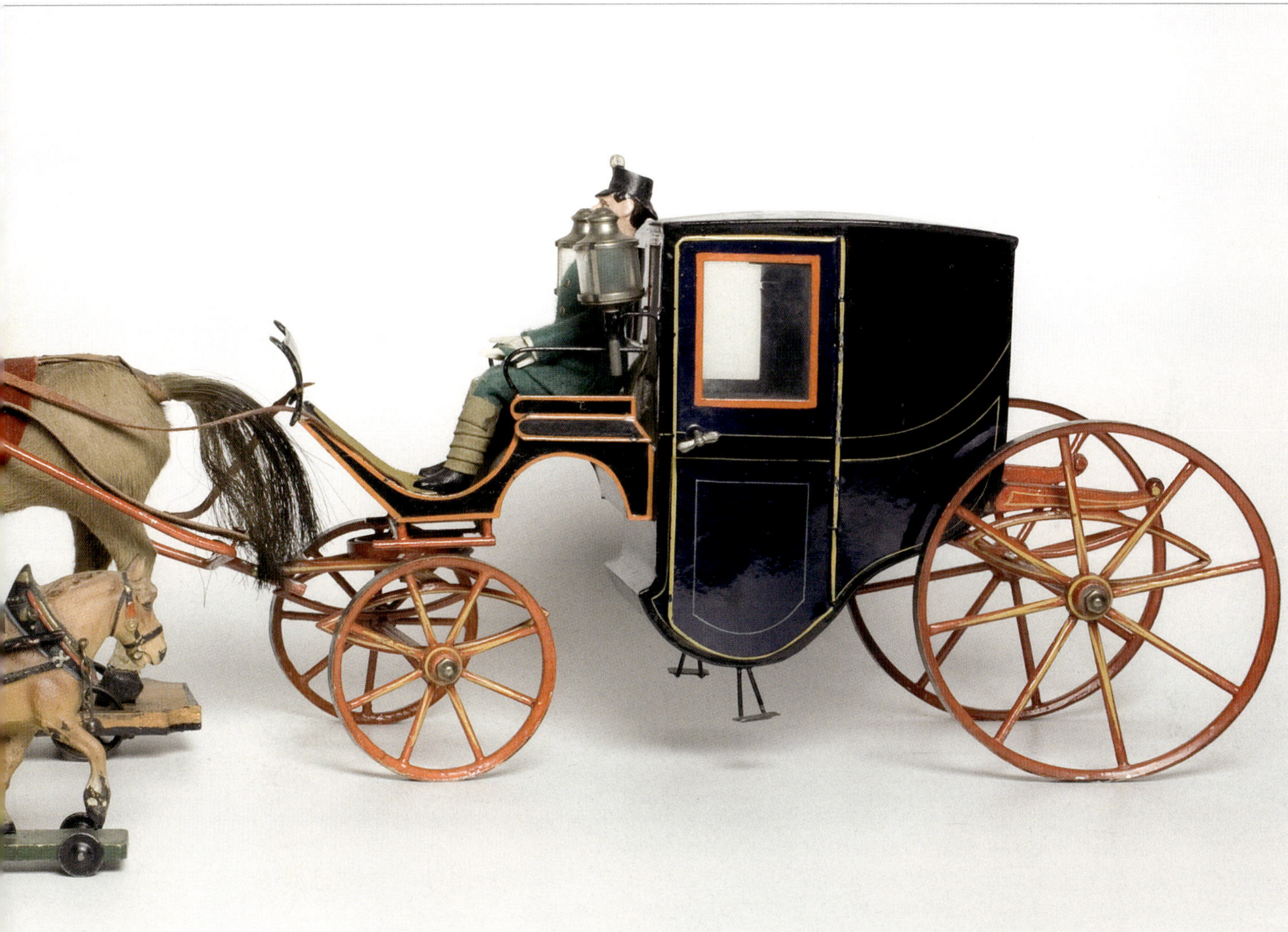

Karussell mit Musikwerk

Das Karussell mit der Artikelnummer 8847 fand sich ab dem Jahr 1901 im Sortiment. Der betreffende Katalogtext lautete wie folgt: „In reicher fantasievoller Ausstattung. Antrieb von Hand und durch Motoren. Mit 4 Gondeln, 4 Fellpferden mit Figuren. Das Karussell ist in elegantester Konstruktion, aus Blech mit Stoffdach gefertigt. Spiegel, Glaskugeln, Fransen und Laternen vereinigen sich zu reizend harmonischer Wirkung. Höhe 45 cm, Durchmesser 53 cm."
Im Jahr 2000 wurde das Karussell in einer einmaligen Auflage neu angeboten. Die Wiederauflage war schnell vergriffen. Die Herstellung erfolgte in ähnlicher, aufwändiger Handarbeit wie um 1900. Anstelle der Glaskugeln, die zur Ursprungsversion gehörten, wurden bei der Wiederauflage von 2000 allerdings kleine Glöckchen angebracht.

7

Autobahn

Bereits im Jahr 1934 präsentierte Märklin erstmals eine elektrisch angetriebene Autobahn. Die Steuerung erfolgte über zwei in den Fahrbahnen liegende Kontaktstreifen, die den Strom über Schleifer an die Motoren der Rennautos weitergaben. Die Fahrbahnstücke bestehen aus zwei getrennten, lithografierten Blechteilen, die auf einer Platte aus Isoliermaterial befestigt sind. Die Kurvenstücke der Fahrbahn gab es in zwei verschiedenen Radien. Außer einer Brücke und einem Rundenzähler wurde kein weiteres Zubehör angeboten. Das Rennauto kam unter der Artikelnummer 13301 in Rot oder Weiß zur Auslieferung. Das rote Auto trägt die Nummer 5 und das weiße Auto die Nummer 7. Trafos, Regler und Umformer der Eisenbahn konnten auch hier eingesetzt werden. Schon 1938 wurde die Autobahn aus dem Sortiment genommen. Der Verkauf von Autorennbahnen boomte erst 30 Jahre später.

7
5

Automobile

In der Zeit von 1933 bis 1940 wurden von Märklin verschiedene Auto-Baukästen produziert. Auf einen Chassis-Bausatz ließen sich bis zu sechs verschiedene Karosserien, vom Lastwagen über die Limousine bis hin zum Rennwagen, durch Schraubverbindungen aufsetzen. In das Chassis, welches eine einheitliche Länge von 36 cm aufwies, konnte ein separat angebotener Federwerk-Motor eingebaut werden. Für die batteriebetriebene Beleuchtungsanlage galt dasselbe.
Der Karosserie-Baukasten zeigt eine Pullmann-Limousine, die 1998 unter der Artikelnummer 19032 in anderer Farbe und als Fertigmodell von Märklin neu aufgelegt wurde.
Der Original-Karosserie-Baukasten war von 1933 bis 1939 für 9 Reichsmark zu haben.
Der Rennwagen mit der Nummer 1107 R und der Aufschrift „7" fand sich von 1934 bis 1953 im Katalog. Im Jahr 1934 kostete er 9,50 Reichsmark.
Von 1935 bis 1938 gehörte das kleine weiße Rennauto mit Uhrwerk zum Sortiment. Es kostete 2,90 Reichsmark.
Das mittlere rote Rennauto mit der Aufschrift „W 10 D" ist höchst selten. Die Größe (der Maßstab) hat sich nicht durchsetzen können.

Verkehrsflugzeug

Das zweimotorige Verkehrsflugzeug wurde in den Jahren 1939 bis 1940 angeboten. Es gehörte nur für kurze Zeit zum Märklin-Sortiment. Die Propeller des Modells waren mit einem Federwerk-Motor ausgestattet.

D-OLAG
LUFTHANSA
D-O

Flugzeug „Rumpler Taube"

Im Jahr 1910 entstand ein Flugzeug nach dem Vorbild eines Vogels und dem Flugsamen einer Kletterpflanze (Zanonia). Die Berliner Rumpler-Luftfahrzeugbau GmbH baute es anschließend in Serie. Mit einer Spannweite von 14 m und einer Flügelfläche von ca. 30 qm konnte es bei einem Abfluggewicht von 600 kg ca. 80 km/h erreichen. Das Modell ist erstaunlich exakt nachgebildet, besteht aus Metall mit feinen Prägungen und ist vermutlich die einzige, erhaltene Modellnachbildung des bemerkenswerten „Flugapparates".

AUGUSTA VICTORIA

AUGUSTA VICTORIA

Ozeandampfer „Augusta Victoria“

Das Originalschiff „Auguste Victoria“ wurde 1898 gebaut und war ein Riese unter den Ozeandampfern. Gleich nach Indienststellung wurde das Modell von Märklin verwirklicht. Ein Beleg dafür ist der falsch geschriebene Name der deutschen Kaiserin und Königin von Preußen. Sie hieß Auguste Victoria, das Schiff wurde aber auf die lateinische Version des Namens „Augusta Victoria“ getauft. Märklin hat diese Version auch auf sein Modell übertragen. Später wurde der Name des Originalschiffes in „Auguste Victoria“ geändert. Als der prachtvolle Dampfer nach seiner ersten Atlantiküberquerung in New York ankam, wurde er von 30.000 Menschen bestaunt. Vor seinem Verkauf an Russland im Jahr 1904 musste zuvor die Erlaubnis des Kaiserhauses eingeholt werden. Das Schiff trug ja den Namen der Kaiserin.
Das um 1900 nur in wenigen Exemplaren von Märklin gebaute Modell mit der Artikelnummer 5050/11/D ist in einem höchst bemerkenswerten Erhaltungszustand.
Es wurde beim Einbruch in das Märklin-Museum am 17. Januar 2005 zusammen mit weiteren 183 Exponaten gestohlen und gelangte, nach der Ergreifung eines Teils der Einbrecher durch Interpol in Wien und der missglückten Flucht der restlichen Täter nach Bosnien, kurz vor der slowenischen Grenze schließlich in die Hände der Polizei.

Diese Matrosenfigur wurde von der Göppinger Kriminalpolizei als „Spur 39“ im Bereich der Pforte am Märklin-Museum gesichert und dokumentiert.

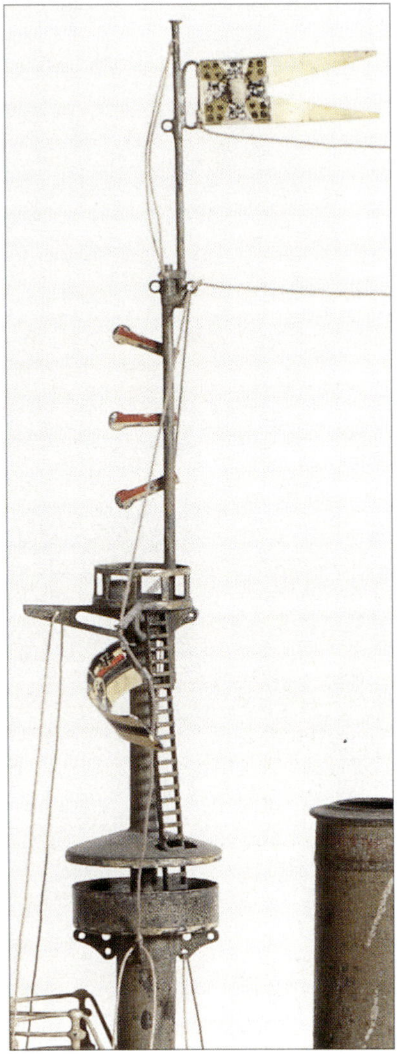

Die „Brunsvik“

Vom größten Märklin-Schiff aller Zeiten – es misst 1,2 m in der Länge – entstanden kurz nach 1900 nur drei Exemplare. Eines, das zeigen die Archiv-Aufzeichnungen des Modellbahn-Weltmarktführers, überbrachte der deutsche Kaiser Wilhelm II. bei seinem Besuch in China dem chinesischen Kaiser. Das zweite Exemplar soll sich bei einem Sammler, vermutlich dem Medienmacher Steve Forbes, in Übersee befinden.

Das letzte in Europa verbliebene Mega-Schiff ist nun im Rahmen der großen Märklin-Ausstellung zu sehen. Sein Name ist vom Käufer selbst ausgesucht worden, wie es nach 1902 möglich war. Der Schriftzug wurde von Hand auf den Rumpf gemalt. Die Größe, die Ausstattung, das Alter und die geringe produzierte Stückzahl machen die „Brunsvik“ zu einem besonders exklusiven Modell, dessen Sammlerwert nur schwer schätzbar ist.

BRUNCVÍK

BRUNCVÍK

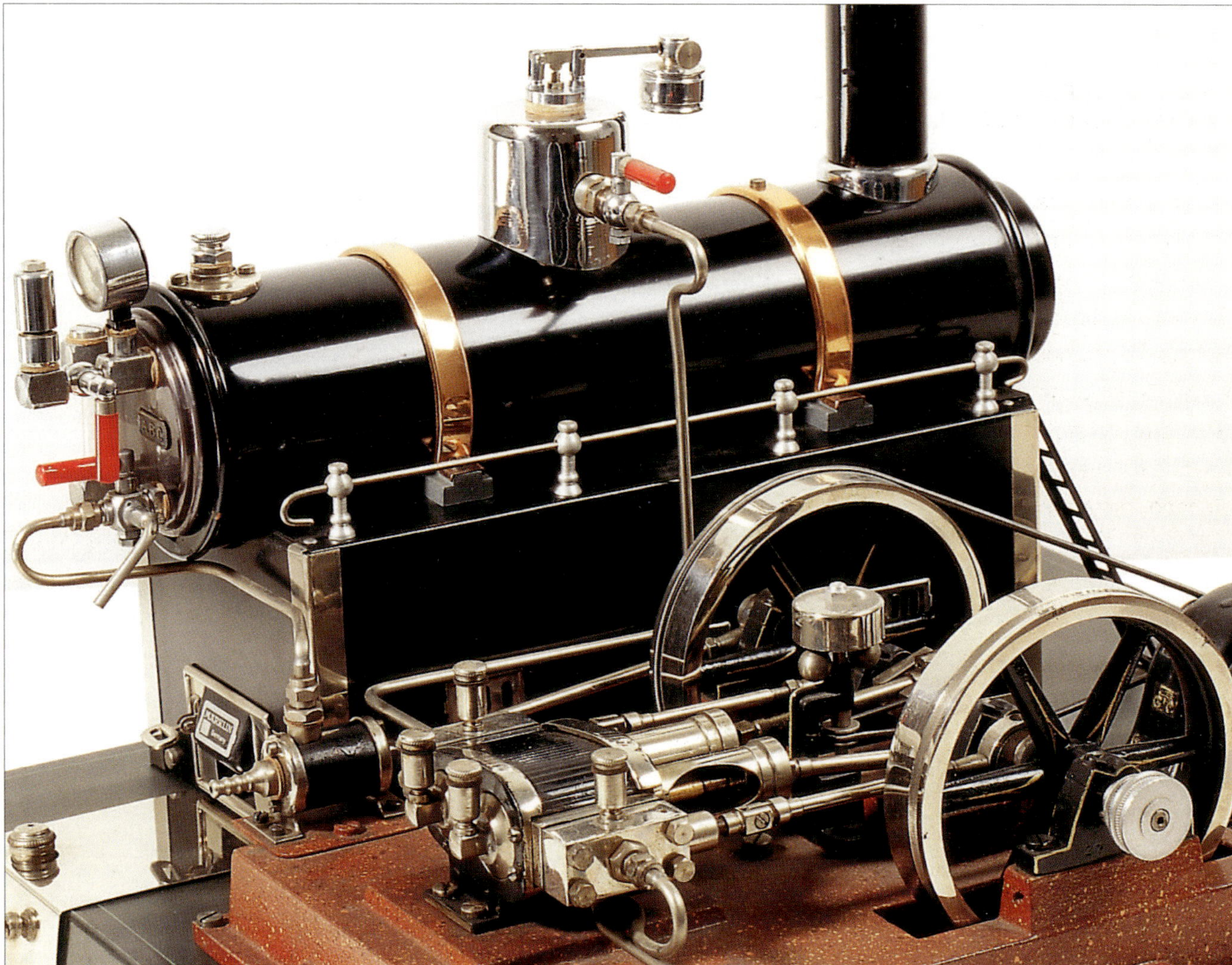

Faszinierende Technik

Dampfmaschinen

Als die Dampfmaschinen das Kinderzimmer eroberten, waren seit ihrem ersten gewerblichen Einsatz in Manufakturen und Bergwerken schon mehr als 100 Jahre vergangen.
Das war ein ungewöhnlich langer Zeitraum. Denn andere technische Neuerungen wurden unmittelbar nach ihrer Vorstellung als Spielzeug angeboten. Eine Ursache für die Verzögerung bestand sicherlich in der Tatsache, dass die Maschinen in den Fabriken unter Ausschluss der Öffentlichkeit arbeiteten.
Märklin bot im Katalog von 1895 erstmals eine Dampfmaschine an, eine so genannte „Dreibeiner-Maschine". Hierbei handelte es sich um einen Kessel, der auf drei Beinen stand und von unten beheizt wurde. Oben war der oszillierende Zylinder samt Schwungrad angebracht. Diese recht einfache Dampfmaschine stieß auf so großes Interesse, dass aus ihr innerhalb von gut einem Jahrzehnt eine ansehnliche Produktgruppe erwuchs. Diese bestand aus fast 80 verschiedenen Typen, von der einfachen Dampfmaschine mit oszillierendem Zylinder bis hin zur Verbund-Maschine (Hoch- und Niederdruckzylinder) und Stirling-Motoren sowie Dampfturbinen. Die Produktgruppe umfasste zudem eine große Anzahl von Betriebsmodellen, die über Transmissionsriemen von den Dampfmaschinen angetrieben wurden. Zu den Betriebsmodellen gehörten Schleifsteine, Sägen, Drehbänke, Hammerwerke, Dynamos, Pumpen, Ventilatoren, sogar ein Butterfass und weitere interessante Gerätschaften.
Die Serie der aufwändigsten Ventilmaschinen startete Märklin im März 1914. Der kurze Zeit später beginnende Krieg ließ jedoch keine große Stückzahl zu. Teilweise blieb es bei Einzelstücken, wie der Dampfmaschine mit Compound-Anordnung, die zusammen mit der Werkstatt-Garnitur eines der größten Einzelstücke darstellt.
Der Fachwelt weniger bekannt sind auch die Benzinmotoren. Diese gab es nur als Einzelstücke in fünf verschiedenen Varianten. Die Ära der Märklin-Dampfmaschinen endete mit dem Katalog von 1955.

Dampfmaschine mit Compound-Anordnung

Unter der Artikelnummer 4126/25/3392 bot Märklin von 1907 bis 1909 eine Dampfmaschine in Compound-Anordnung an. Die extra große Dampfmaschine gilt als die schönste, die Märklin jemals gebaut hat. Die Kombination besteht aus einem Hoch- und Niederdruckzylinder. Der Kesselinhalt beträgt beachtliche 9 Liter. Mittels einer Zugstange ist die Brennerflamme veränderbar. Samt Kesselspeisewasserbehälter und Dynamo wurde sie unter der Artikelnummer 4126/25/3392/3 geführt. Im Katalog von 1909 war sie mit 340 Goldmark das mit Abstand teuerste Produkt des gesamten Märklin-Angebots. Auch die Maße beeindrucken. Die Grundplatte der Maschine misst 68 cm x 71 cm.

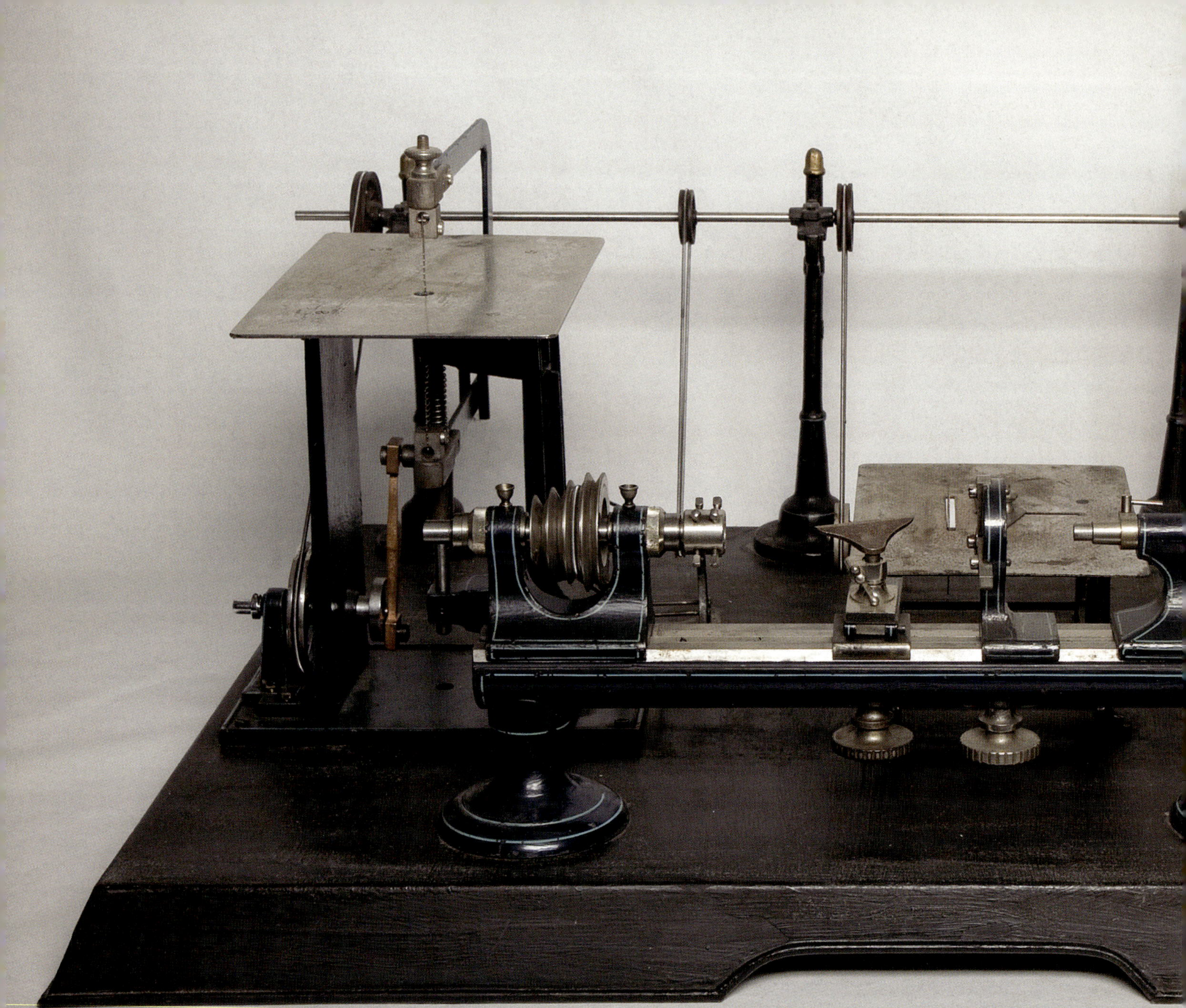

Werkstatt-Garnitur

Die Antriebsmodelle dieser Plattform waren für Holzarbeiten ausgelegt. Im Katalog von 1909 heißt es: „Die schwere, extra solide und durchaus präzise gearbeitete Anlage bildet ein unersetzliches, praktisches Hilfsmittel für Dilettanten-Arbeiten." – Das Wort „Dilettanten-Arbeit" stand seinerzeit für „Liebhaberei" bzw. die heutige Bezeichnung „Hobby". Die Platte misst 77 cm x 57 cm.

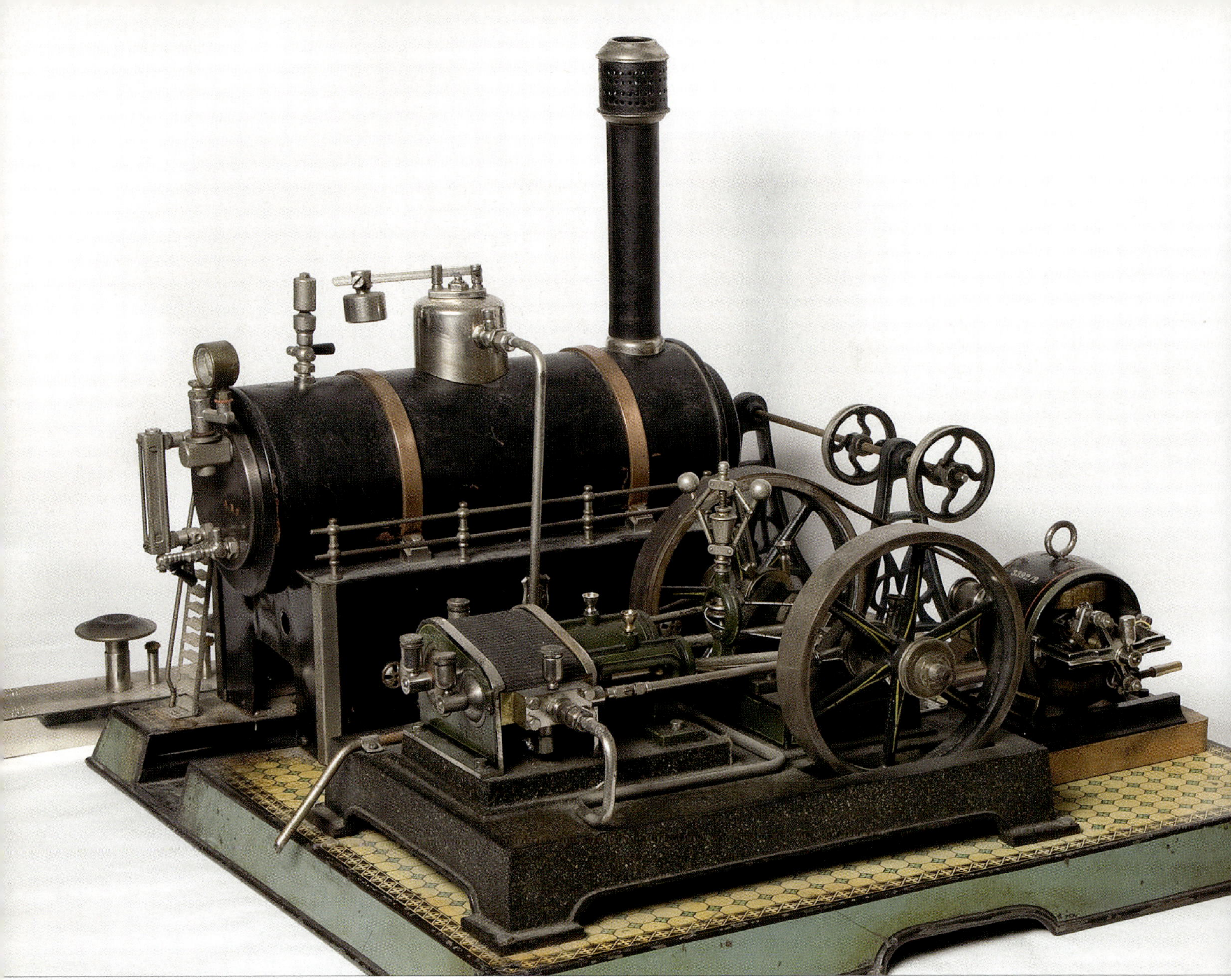
3392/2

Dampfmaschine System Wolf

Märklin fertigte die Dampfmaschine 4158/14 im Jahr 1906. Sie ist der Nachbau der Originalmaschine, die im Berliner Schloss des Kaiser Wilhelm II. in Betrieb war. Es sind lediglich zwei Exemplare bekannt. Ein Modell wurde ins Schloss nach Berlin geliefert, das andere Exponat ist in Privatbesitz.
Das für Märklin-Maschinen typische Kachelmuster der Fundamentplatte ist dem vor über 100 Jahren eingebauten Fußboden des Göppinger Stammwerkes nachempfunden. Teile dieses Belages sind heute noch erhalten. Man sieht dem Fußboden die über 100 Jahre währende, härteste Beanspruchung nicht an.

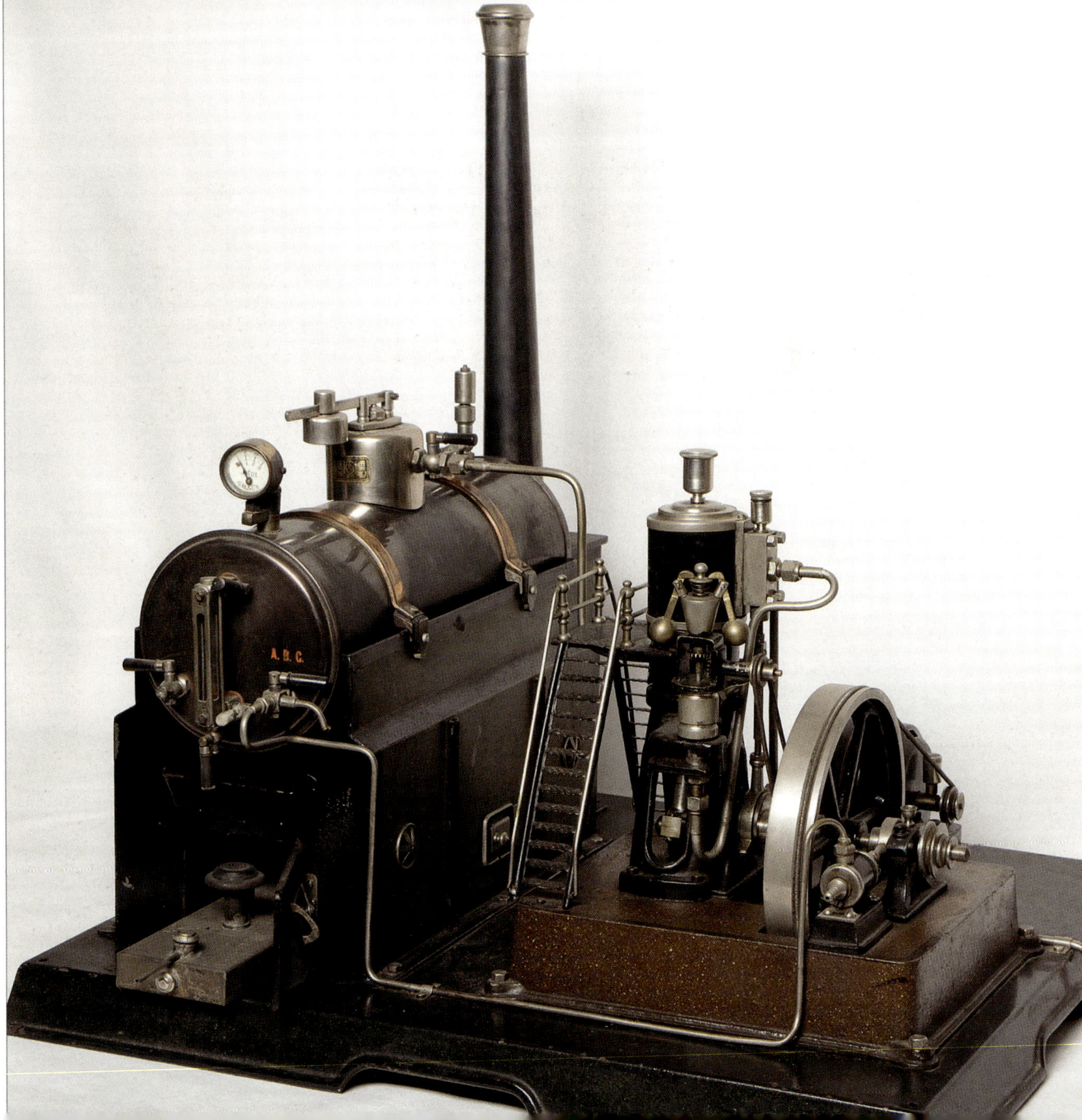
A.B.C.

Dampfmaschine 4147

Modell einer Dampfmaschine mit liegendem Kessel und stehendem, doppelt wirkendem Zylinder mit Flachschiebersteuerung. Das Exponat wurde im Katalog von 1919 mit folgenden Worten gepriesen: „Hervorragendes Modell, elegante Konstruktion, vorzügliche Leistung. Höchste Präzision“. Es besitzt die beeindruckenden Maße von 52,5 cm x 46 cm und eine Kaminhöhe von 57 cm. Der Kesseldurchmesser beträgt 110 mm, die Zylinderbohrung misst 30 mm. Das Modell wird auch als „Schiffsdampfmaschine“ bezeichnet.

Transmission

Zu Beginn der Industrialisierung wurde die Kraft der Dampfmaschinen in den Fabriken mittels Transmissionsriemen in die Werkstätten übertragen und dort mit Hilfe von Transmissionen auf die einzelnen Maschinen verteilt. Die Transmissionen gehörten zum alltäglichen Bild der Produktionshallen. Im Modell dienen sie dem Antrieb der verschiedenen Nachbildungen von Maschinen der frühen Fabriken. Selten im Modell sind so genannte Eck-Transmissionen, welche die Kraft rechtwinklig übertragen. Unser Modell wurde im Märklin-Katalog von 1909 unter der Artikelnummer 4389/60 angeboten.

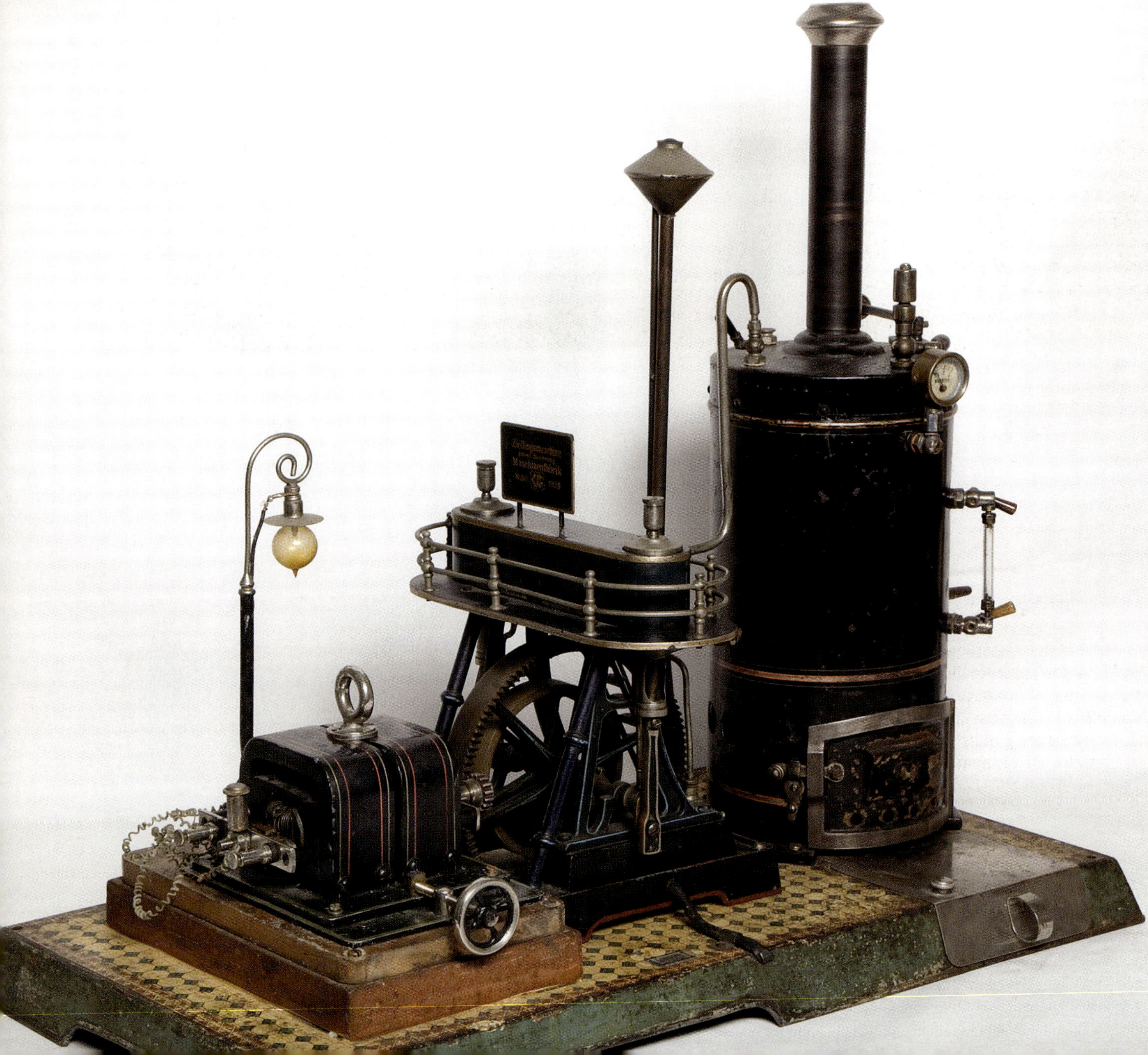

Dampfmaschine „Hammermaschine“

Die „Hammermaschine“ mit der Artikelnummer 4124/14/3395 wurde 1908 angeboten. Sie misst 60 cm in der Länge, 34 cm in der Breite und hat eine Höhe von 52 cm. Der Kesseldurchmesser beträgt 140 mm, die Zylinderbohrung misst 24 mm und der Kolbenhub 12 mm. In der Katalogbeschreibung heißt es: „ … mit Dynamo-Maschine 3395 durch Zahnung im Schwungrad (leicht ausrückbar) verkuppelt. Das schön und solide konstruierte, vorzüglich arbeitende Modell eignet sich ganz besonders für die Darstellung der Kraftumwandlung in elektrische Energie und für die Erzeugung elektrischer Dauerbeleuchtung. Leistung der Anlage: Ausreichend zur Versorgung von 4 Lampen à 3,5 Volt, 0,25 Ampère mit Parallelschaltung.“

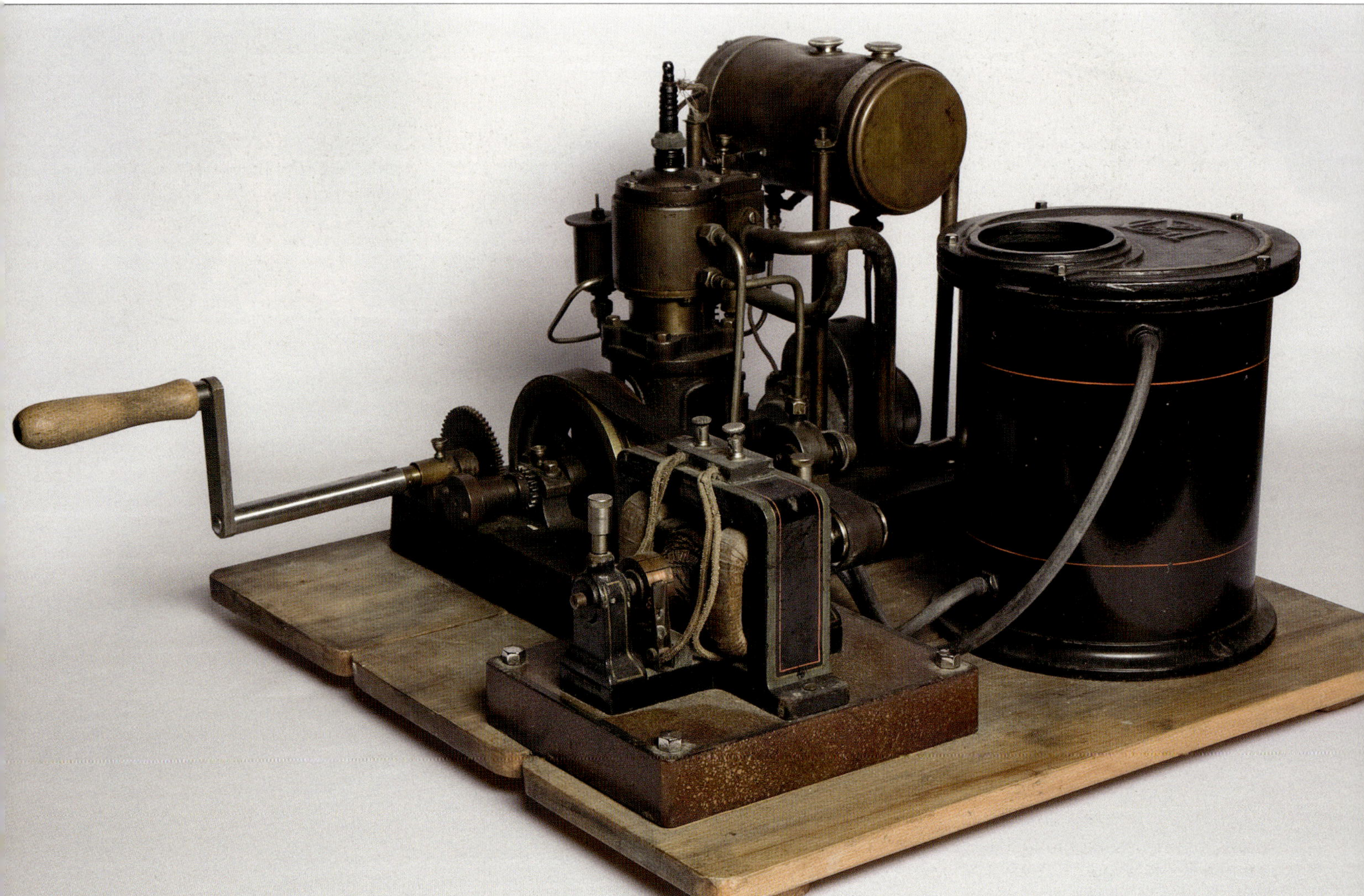

Benzinmotor

Von 1909 bis 1925 baute Märklin eine Reihe von Benzinmotoren mit Zündspule, aber auch mit Magnetzündung. Bekannt ist die Fertigung von fünf verschiedenen Varianten, die aller Kenntnis nach aber nur in Einzelstückzahlen gebaut wurden. Eines dieser Einzelstücke ist der Viertaktmotor von 1914. Er besitzt einen Vergaser, gesteuerte Ein- und Auslassventile sowie eine Wasserkühlung, die von dem stehenden großen Behälter gespeist wird. Angeworfen wird der Motor mittels Handkurbel.

Grenzenloses Spielen

Schöne Schauanlagen

Der „Modellbahn-Maßstab“ H0

Die Baugrößenbezeichnung H0 („Halbnull“) bezeichnet den weltweit beliebtesten Modelleisenbahn-Maßstab von 1 : 87. Der Begriff „Halbnull“ wurde einst deshalb gewählt, weil die H0-Bahn nur etwa halb so groß war wie die bislang kleinste Eisenbahn, die Spur 0. Erst 1935 eingeführt, entwickelte sich H0 in relativ kurzer Zeit zu einer Baugröße, die den Markt dominierte. Die Spur 0 wurde komplett verdrängt.

Spur Z „mini-club“

Die mini-club, auch Spur Z genannt, ist in mit ihrem Maßstab von nur 1 : 220 die kleinste elektrische Serieneisenbahn der Welt. Die Details und das große Zubehörprogramm machen sie zu einer echten Modelleisenbahn. Platzprobleme entstehen nicht, denn sie lässt sich überall unterbringen. Die mini-club wurde 1972 von Märklin „auf die Schiene gesetzt“ und von Anfang an im Erwachsenenmarkt positioniert. Ihre Zuverlässigkeit stellte sie mit dem Dauerlaufweltrekord für Modelleisenbahnen unter Beweis. Eine mini-club-Lokomotive mit sechs angehängten D-Zugwagen fuhr, ohne Wartung und Pflege, in 1219 Stunden echte 720 km. Das entspricht etwa der Strecke von Stuttgart nach Hamburg.

Arbeitskreis

Anlage Hamburg

Zwischen dem Bahnhof „Dammtor“ und der „Speicherstadt“ am anderen Ende der 8 m langen und 1,40 m breiten Großanlage spielt sich ein vielfältiger Zugverkehr ab. Nah- und Fernverkehrszüge fahren in die glasüberdachte Bahnsteighalle des Bahnhofs „Hamburg Dammtor“ ein oder verlassen diese wieder. Auf der Trasse der Hafenbahn verkehren Güterzüge. Der Schattenbahnhof am Ende der Hafenbahn sorgt für Abwechslung auf der eingleisigen Strecke.
Insgesamt sind 60 m an Gleisen verlegt und 40 qm Sperrholz verbaut worden. Das Anlagengerüst entstand in der so genannten Rahmenbauweise.

Anlage Schwäbische Kleinstadt

Die 2,80 m auf 1,20 m messende, in Rahmenbauweise unter Verwendung von 6 qm Sperrholz erstellte Anlage zeigt eine Kleinstadt im typischen Umfeld der Schwäbischen Alb. Der Zugwechsel im Schattenbahnhof und der Pendelbetrieb werden durch die neue digitale „Central Station" vollautomatisch gesteuert. Die zur Verfügung stehende Gleislänge beträgt insgesamt 12 m. Um die Anlagenlandschaft möglichst natürlich aussehen zu lassen, ist noch die „Pflanzung" von 300 Modell-Bäumchen vorgesehen.

Anlage Schwarzwald

Inmitten einer typischen Schwarzwald-Landschaft ist ein viergleisiger Durchgangsbahnhof mit Industriegleisen dargestellt. Der sechsgleisige Schattenbahnhof bietet zusammen mit der Aufteilung in zwei Stromkreise einen abwechslungsreichen Zugbetrieb. Dessen Steuerung erfolgt auf der 3,60 m langen und 1,40 m breiten, in Rahmenbauweise aus 10 qm Sperrholz gefertigten Anlage mit konventioneller Automatik. Die Länge aller verlegten Gleise beträgt insgesamt 40 m. Zum typischen Schwarzwald-Ambiente werden später 500 Modellbäume beitragen.

Das Buch erscheint anlässlich der Ausstellung
„Mythos Märklin"
im Arp Museum Bahnhof Rolandseck
24. Oktober 2008 bis 3. Mai 2009.

Herausgeber/Editor:
Klaus Gallwitz

Konzept/Concept:
Klaus Gallwitz und Roland Gaugele

Projektleitung/Project Manager:
Margot von Gumppenberg

Redaktion/Editing:
Klaus Gallwitz, Roland Gaugele

Autoren/Authors:
Klaus Gallwitz, Vorwort
Margot von Gumppenberg, Einführung
Roland Gaugele, alle übrigen Texte

Umschlag/Cover:
Der Central-Bahnhof in Spur I

Fotografie/Photography:
Michael Tilp, Seite 52 - 61
Roland Gaugele, Seite 4, 78 - 81
Dietmar Kötzle, alle übrigen Fotos

Gesamtherstellung/Production:
Druckerei Fotolito Varesco Alfred GmbH,
Auer/Südtirol

© 2008 die Autoren und Fotografen sowie der
Europmedia Verlag GmbH, Irsee

Erschienen im/Published by:
Europmedia Verlag GmbH, Irsee

ISBN 978-3-940262-02-8

Gedruckt und gebunden/Printed and bound
in Südtirol/South Tyrol